# CONGRÈS INTERNATIONAL D'HYGIÈNE & DE DÉMOGRAPHIE

## DE 1889

# L'HYGIÈNE

### DES

# OUVRIERS EN RUSSIE

### PAR

## Mᵐᵉ le Docteur TKATCHEFF

## PARIS

## BIBLIOTHÈQUE DES *ANNALES ÉCONOMIQUES*

PLACE DE L'ÉCOLE DE MÉDECINE
4, rue Antoine-Dubois, 4

### 1889

# L'HYGIÈNE

### DES

# OUVRIERS EN RUSSIE

## Par M<sup>me</sup> le D<sup>r</sup> TKATCHEF.

On s'occupe beaucoup de la Russie, en ce moment. Mais bien des questions qui intéressent ce vaste empire sont encore peu connues en Europe. Il en est ainsi, par exemple, de la situation hygiénique des ouvriers. Je veux donc vous mettre au courant de l'état des choses.

On considère généralement la Russie comme un pays exclusivement agricole, dans lequel l'industrie est très peu développée. Si on compare son industrie à sa population, celle-ci paraîtra, en effet, insignifiante à côté de celle des autres contrées européennes. Mais, si l'on compte le nombre total des fabriques et des usines qui existent dans l'Empire russe et le nombre des ouvriers qui y sont employés, on verra bien qu'elle est encore assez importante, et qu'elle mérite l'attention.

En effet, il y a actuellement, en Russie, sans compter la Finlande et les pays asiatiques, 32,815 fabriques et usines, qui occupent 952,000 ouvriers. Ce chiffre ne comprend ni les artisans, ni les *koustari*, (ouvriers patrons), dont le nombre est encore plus considérable. Dans ce rapide aperçu, je n'ai l'intention de parler que des ouvriers de fabriques et d'usines. Mais, pendant que vous tous, vous démontrez si éloquemment que la situation hygiénique de vos pays respectifs se trouve dans les meilleures conditions possibles, moi, hélas, je dois avouer, avec le plus profond regret, que la situation hygiénique, en général, en Russie, et celle des ouvriers, en particulier, laisse beaucoup à désirer.

Le mode suivant lequel se recrute la classe ouvrière, en Russie, a une très grande importance au point de vue hygiénique.

Nous avons deux catégories d'ouvriers : les ouvriers permanents, qui travaillent toute leur vie dans les fabriques, et les ouvriers que j'appelle *temporaires*. Ces derniers sont des habitants de la campagne qui tous les ans entrent, pour quelques mois, de septembre à février, dans les fabriques ; l'hiver passé, ils retournent dans leur village et redeviennent cultivateurs. Il se produit donc annuellement, à certaines époques, et de tous les points de la Russie, un mouvement des travailleurs qui quittent la campagne pour se rendre dans les grands centres industriels. Les causes qui déterminent cette oscillation humaine résident dans l'extrême misère de l'habitant des campagnes et dans la nécessité pour lui d'augmenter ses ressources. Ces doubles migrations, tantôt vers les villes, tantôt vers les campagnes, sont de puissants agents de propagation de tous les genres de maladies contagieuses. C'est grâce surtout à ces migrations périodiques et au manque de soins que la syphilis est si répandue. D'après les excellentes observations du docteur Gterzenstein, il existe, en Russie, 2,000,000 de syphilitiques ; c'est-à-dire que 2 % de la population en est atteinte. Il existe des villages entiers où, depuis le plus jeune enfant jusqu'au vieillard, tous sont syphilitiques. Les conscrits dans certains départements sont atteints dans la proportion de 10 %.

Pour ce qui est de l'hygiène professionnelle, je ne puis m'arrêter sur toutes les industries, même sur les industries dites insalubres.

D'ailleurs, permettez-moi, à ce propos, de vous rappeler ces paroles d'un grand savant français : « Toutes les industries sont insalubres », a dit M. de Freycinet.

Cependant pour vous donner l'idée de la situation, je vais vous citer les conclusions des rapports des inspecteurs de fabriques. Voici ce qu'ils disent : « Dans la plupart des ateliers, grâce au manque de surveillance pour l'exécution des quelques règlements existants, et grâce à la négligence des industriels, le milieu dans lequel travaille et vit l'ouvrier, est des plus insalubres : malpropreté générale, insuffisance du cubage de place et d'aération, absence de ventilation, même dans les industries dangereuses, point de précautions pour éviter les accidents du travail (dans certaines fabriques les passages entre les machines ne sont larges que de 80 centimètres), soit par les machines, soit par l'explosion des chaudières, soit enfin dans les cas d'incendies. Et cependant il existe d'excellentes lois qui imposent aux fabricants de veiller sur la sécurité et la santé de leurs ouvriers. »

Je reviendrai là-dessus. C'est dans ce milieu insalubre que les ouvriers passent leur journée de travail, et cette journée, dans la plupart des fabri-

ques, est de 12 heures. Dans certaines industries, elle est de 14, 16 et
même davantage. Jusqu'à présent les lois n'ont pu empêcher ces abus.

Voyons, maintenant, quelles sont les habitations des ouvriers. Elles
sont de trois genres : l'izba (maison de paysan), l'asile de nuit et l'habitation dans le domaine de la fabrique. Ce dernier cas étant celui qui se
présente le plus fréquemment, je m'y arrêterai de préférence.

Combien peu ces habitations ressemblent aux jolies petites maisonnettes que nous pouvons admirer à l'Exposition ! Même les moins
attrayantes, celles de la Compagie d'Anzin, sont de vrais palais en
comparaison.

Ce sont généralement de grandes casernes, divisées en dortoirs où les
ouvriers sont logés aux frais des industriels, couchant en commun,
quelquefois même sans distinction d'âge ni de sexe, dans la plus complète promiscuité.

D'après l'avis de la commission sanitaire, les traits caractéristiques
de tous ces logements sont « une malpropreté générale et une étroitesse extrême par rapport au nombre d'ouvriers qui y logent. On
rencontre rarement des dortoirs où le cubage de place soit de
10 mètres cubes. Le plus souvent, il est de 3 à 6 mètres. Certains
dortoirs ont $1^m$ 80 de hauteur et le cubage de place y est à peine de
$3^m$ 50. Il y a enfin des dortoirs où le cubage est encore moindre.
Quelques-uns peuvent à peine offrir à chaque individu $1^m$ 80. Le plus
souvent, au cubage insuffisant vient s'ajouter une autre condition antihygiénique, le manque de ventilation. En outre, dans un certain nombre
de fabriques, les dortoirs sont installés au-dessus des ateliers, dont ils
ne sont séparés que par un plancher en bois, sans remplissage et mal
joint, par les fentes duquel arrivent toutes les poussières, les vapeurs et
les exhalaisons malsaines. Généralement les dortoirs servent aussi de
réfectoires.

Les rapports des médecins inspecteurs du département de Moscou,
MM. Erismann et Pogogef, le signalent et en montrent les graves inconvénients, pour certaines industries surtout (tannerie, fabriques de produits chimiques, teintureries, etc).

L'ameublement est des plus simples: il n'en existe point. D'abord,
absence complète de lit et de tout ce qui le compose. Un vieux sac pour
se couvrir et quelques loques pour mettre sous la tête, voilà la literie à
leur usage. On couche sur des *naris* superposés à deux étages, contre
le mur. Les *naris* sont des couchettes communes en bois qui rappellent
les lits de camps. Entre les deux étages, la distance est à peine d'un
mètre. Il est facile de comprendre combien on peut, par ce moyen,

entasser de personnes dans un espace étroit. Ainsi, dans une fabrique du département de Moscou, la commission sanitaire visita un dortoir ayant 6<sup>m</sup> 40 de longueur sur 5<sup>m</sup> 60 de largeur où couchaient 86 hommes sur des nari superposés.

Quelquefois les dortoirs sont communs aux deux sexes. Dans quelques-uns on peut cependant rencontrer des réduits pour famille, séparés par de minces cloisons ; et là toute la famille, père, mère, enfants ont le même grabat. Il est enfin des fabriques dont les propriétaires visant à l'économie n'ont pas de local destiné aux logements. Les ouvriers couchent dans les ateliers mêmes, n'importe où, sur les bancs, sur les métiers, sur les machines et par terre. Cela a été observé dans le département de Moscou par M. Pogogef.

Ainsi, malpropreté générale, restriction la plus grande possible de l'espace et cubage de place insuffisant, au point de vue physique ; absence de tout respect de l'âge et du sexe, promiscuité complète au point de vue moral : tel est le bilan de ce qui pour l'ouvrier russe remplace le foyer et de ce qui l'attend après sa longue journée de travail.

L'ouvrier russe est aussi mal vêtu que logé. Généralement son costume consiste en une blouse et un pantalon en colonnade ou en toile. Sa blouse est serrée par une ceinture à longs bouts flottants et ses plis retombent sur le pantalon. Point de linge de corps ; point de chemise, ni de caleçon, ni de chaussettes. Tous ces objets seraient pour lui un luxe, comme qui dirait, l'aigrette de diamants du Shah de Perse. Les pieds sont enveloppés dans des chiffons dont la propreté est plus que suspecte ; comme chaussure des babouches. L'ouvrier nouvellement arrivé ou l'ouvrier temporaire porte le plus souvent des *lapti*, chaussure habituelle du paysan russe, sorte de pantoufles en lanières d'écorce d'arbre, mal tressées et attachées avec des ficelles. En hiver le costume reste le même dans l'atelier ; mais s'ils ont à faire une longue course, les ouvriers y ajoutent un *touloupe*, pelisse de peau de mouton dont la fourrure est en dedans, et sans couverture d'étoffe. Ils enveloppent leurs pieds avec de la paille, du foin ou du papier d'emballage, et ont pour chaussure des chaussons de feutre à tige. Les bottes en cuir ne sont portées que par les élégants. Ajoutons que pour la plupart ils couchent avec leurs vêtements.

Il ne faudrait pas croire cependant que l'ouvrier russe se plaît dans cette malpropreté. Chaque paysan un peu aisé a une petite maisonnette spéciale pour les bains. Les autres vont se laver chez leurs voisins. Et enfin dans les villages où par hasard n'existe pas une installation spéciale, devinez où ils se lavent ? Dans leurs grands fours ! Une fois le charbon consumé, quand il ne reste que des cendres chaudes, ils y pénètrent chacun à leur tour avec une marmite d'eau chaude, et s'y lavent pliés en deux. Aussi ces paysans, arrivés à la fabrique et devenus ouvriers, mettent souvent dans les contrats qu'il passent avec leurs patrons la condition expresse que ceux-ci chaufferont à leurs frais un établissement de bains se trouvant dans la fabrique. Et ils y vont régulièrement tous les samedis. Le besoin d'aller au bain chaque semaine est chez l'ouvrier russe aussi impérieux que celui de manger tous les jours. Mais relativement il y a un nombre restreint de fabriques possédant ces établissements. Les hygiénistes, les médecins et les inspecteurs de fabriques voudraient que tous les industriels fussent obligés par la loi d'avoir des établissements de bains gratuits.

Abordons maintenant la question de la nourriture. L'ouvrier se nourrit principalement de pain de seigle, de pudding, de blé, de sarrasin, de choucroute, d'un peu de lard, et il y a quelquefois de la viande ou du poisson. Par conséquent *presque les trois quarts de l'albumine qui entre dans sa nourriture est d'origine végétale*, et on sait d'après les savantes recherches de plusieurs physiologistes, qu'une partie considérable d'albumine de la nourriture végétale est rejetée en dehors sans être utilisée par l'organisme. Et même cette *albumine végétale est prise par l'ouvrier russe en quantité bien inférieure au minimum exigé par les physiologistes*. Ainsi, d'après les travaux de Voit et Pettenkofer, le minimum d'éléments nutritifs nécessaires à l'homme moyen est le suivant : 118 grammes d'albumine, 56 gr. de graisse et 500 gr. de substances hydrocarbonées par jour, et s'il s'est occupé d'un travail qui exige une grande dépense de force, il lui faut de 135 à 145 grammes d'albumine, de 80 à 100 grammes de graisse ; quant aux hydrocarbonées elles ne doivent pas dépasser la quantité représentée par 500 grammes ; dans le cas contraire, il se formerait dans les intestins des fermentations acides qui provoqueraien des mouvements péristaltiques exagérés et qui entraîneraient au dehors une grande quantité de substances nutritives qui resteraient sans être absorbées par l'organisme. L'ouvrier russe, d'après M. Erisman, reçoit quotidiennement la quantité suivante de substances assimilables ; 98 grammes d'albumine, 75 grammes de graisse et 525 de substances hydrocarbonées. Mais pendant les époques du carême, qui ne comptent pas moins de 190 jours dans toute l'année, la viande est complètement exclue du menu de l'ouvrier et remplacée quelquefois par le poisson. Les jours de carême, c'est-à-dire plus de moitié de l'année, ils n'ont donc que 81 grammes d'albumine, 64 grammes de graisse, et 540 grammes de substance hydrocarbonée. C'est là à peu près la quantité de nourriture que reçoivent les prisonniers dans les prisons allemandes.

On voit donc, par là, combien la nourriture de l'ouvrier russe est au-dessous du minimum nécessaire à l'organisme. La nourriture des femmes et des enfants est encore moins satisfaisante, car sur leur table, on ne voit apparaître qu'exceptionnellement la viande.

Travaillant et logeant dans le milieu que nous venons de dépeindre, se nourrissant comme nous venons de le dire, il est facile de comprendre que la réceptivité des maladies parmi les ouvriers doit être très grande. Malheureusement, nous n'avons pas de chiffres sur ce sujet. Mais nous savons que le service médical qui leur est réservé est des moins satisfaisants. Cependant, il existe une loi de 1866, d'après laquelle chaque industriel occupant cent et plus d'ouvriers, est obligé d'avoir à sa fabrique, une infirmerie avec un lit par cent ouvriers et un médecin auquel doit être confié le soin des malades. Mais cette loi reste lettre morte. Il est matériellement impossible de la mettre en pratique : il n'y a, en Russie, que 17,000 médecins. Si chaque fabrique devait en avoir un, il n'y en aurait pas assez peut-être même pour les fabriques. Le plus souvent les fabricants engagent le *médecin d'arrondissement*, qui, pour une certaine rétribution, vient, par hasard, à la fabrique, s'enquérir s'il n'y a point de malades. Ces *médecins d'arrondissement*, grâce à leurs devoirs multiples, puisqu'ils sont attachés au service de la sûreté, se trouvent dans la complète impossibilité de donner leurs soins aux ouvriers. Aussi le plus souvent *ils n'apparaissent à la fabrique que trois ou quatre fois par an*. En conséquence, les principaux médecins des ouvriers sont les infirmiers, et un très grand nombre de fabriques reste sans aucun soin médical. M. le professeur Erismann, qui s'est spécialement occupé de la question de l'organisation du service médical pour les ouvriers, a présenté un projet d'après lequel ce service serait confié aux municipalités, et pour ce fait, on prélèverait sur les fabricants une certaine somme pour chaque lit réservé à leurs ouvriers. M. Erismann voudrait qu'on installât des hôpitaux dans les centres industriels, de façon que les fabriques n'en fussent pas éloignées de plus de six kilomètres, et on installerait des dispensaires dont la distance des fabriques ne devrait pas dépasser trois kilomètres. Dans cette organisation tout le monde gagnerait : les fabricants, les ouvriers et la population avoisinante. Mais ce n'est là qu'un projet.

Et en attendant, l'ouvrier contribue à augmenter la mortalité générale. Tandis qu'en France, sur 1,000 personnes, il en meurt 24, en

Angleterre 22, en Suède 19, en Norvège 17, en Russie il en meurt 36,8. Jusqu'à ces derniers temps, on croyait que c'était la mortalité des enfants au-dessous de 1 an, qui contribuait principalement à donner un chiffre aussi élevé de la mortalité générale en Russie, car la mortalité des enfants au-dessous de 1 an, qui est considérable partout, l'est surtout en Russie. En effet, pendant qu'en France il meurt 216 enfants sur 1,000, en Angleterre 190, en Norvège 113, en Russie il en meurt 311, et dans les centres industriels, ainsi que dans quelques localités où sont envoyés en nourrice les enfants abandonnés, le chiffre de la mortalité est véritablement effrayant, il est de 550 pour 1,000. Bien que le chiffre moyen de la mortalité des enfants au-dessous de 1 an, que nous venons d'indiquer, soit en effet très élevé, cependant si l'on étudie la mortalité des adultes aux différents âges, de 30 à 60, par exemple, on trouve les chiffres suivants : en Norvège, sur 1,000 individus de cet âge, il en meurt 11, en France 13, en Angleterre 15, et en Russie 19,4. Ces chiffres démontrent donc suffisamment que la mortalité des adultes, en Russie, est bien supérieure à celle des autres pays. Nous n'avons pas de renseignements spéciaux sur la mortalité des ouvriers, mais nous savons qu'en Europe, où les conditions hygiéniques sont beaucoup meilleures qu'en Russie, cette mortalité est plus élevée que la moyenne générale, il est donc permis de supposer, par analogie, qu'en Russie également, ce chiffre dépasse la moyenne, c'est-à-dire qu'il est au-dessus de 36,8.

Passons maintenant au travail des enfants, des adolescents et des femmes. J'ai peu de choses à dire, soit sur les ateliers, soit sur les habitations et la nourriture. Quelques industries sont spécialement réservées aux enfants. Il en était ainsi, jusqu'à ces derniers temps, de la fabrication des allumettes où l'on ne comptait pas moins de 60°/₀ d'ouvriers enfants. Les conditions hygiéniques sont des plus déplorables et l'industrie se fait au *phosphore blanc, quelquefois les ateliers servent en même temps de réfectoires.* Jusqu'en 1882, on admettait dans les fabriques les enfants de tout âge. Les rapports des inspecteurs mentionnent des ouvriers de 5 ans ; mais depuis 1882 a paru la loi défendant l'admission des enfants dans les fabriques au-dessous de 12 ans. Jusqu'à ces dernières années, ces pauvres êtres chétifs travaillaient pendant la même durée de temps que les adultes ; en 1886 seulement, fut appliquée la loi limitant le travail des enfants (de 12 à 15 ans) à 8 heures par jour. Les conditions sanitaires et morales dans lesquelles se trouvent ces malheureux vous sont déjà connues. La promiscuité dans laquelle ils vivent, les démoralise dès l'âge le plus tendre. Ce n'est pas un fait extraordinaire que de rencontrer des enfants ouvriers syphilitiques et alcooliques. Jusqu'en 1886, ils n'avaient aucune possibilité de fréquenter les écoles et aussi les rapports des inspecteurs des fabriques disent que 75 % des enfants ouvriers ne reçoivent aucune instruction.

Du travail des femmes, j'ai encore moins à dire. Il n'y a aucune protection pour l'ouvrière enceinte ou nourrice. Les crèches dans les fabriques n'existent qu'à l'état d'exception et on voit souvent les mères ouvrières allaiter leurs enfants, soit dans les couloirs de la fabrique, soit dans la cour.

Il n'y a, pour les ouvriers, aucun genre d'assistance, ni caisse d'épargne. C'est même une mauvaise plaisanterie que de parler d'épargne, là où manque le nécessaire. L'assurance contre les accidents pour les ouvriers est une chose inconnue des fabricants en Russie. Malheureusement nos industriels sont bien loin d'adopter le principe proclamé par Jean Dreyfus, de Mulhouse : « Les fabricants doivent à leurs ouvriers autre chose que le salaire. »

Mais si les industriels l'ignorent ou veulent l'ignorer (1), d'autres personnes, et elles sont nombreuses, en Russie, légistes, médecins, hygiénistes, professeurs, économistes et tout simplement les personnes instruites, hommes ou femmes, sont tout à fait au courant de la science moderne en Europe. Arnould, Proust, Napias, Layet, Pasteur, Pettenkofer, Koch, Kolb, Gordon et tant d'autres, sont leurs familiers et ils puisent dans leurs ouvrages les précieux enseignements qu'ils voudraient appliquer dans leur pays.

Projets sur projets ont été présentés depuis au moins vingt-cinq ans. MM. les professeurs Érisman, Sanson, Sanjoul et autres y ont collaboré. Ce n'est qu'à partir de 1882 qu'on commença à introduire dans la pratique de meilleures lois sauvegardant la santé, la sécurité et les intérêts des ouvriers. Je vais vous citer les principales de ces lois.

En 1882 il parut une loi défendant l'admission dans les fabriques des enfants au-dessous de douze ans. Une autre loi limitant à huit heures la durée du travail. En outre cette durée est divisée en deux parties de quatre heures chacune, avec un intervalle pour donner aux

---

(1) Dans toute la Russie on comptera à peine trois ou quatre fabricants qui s'intéressent sérieusement au sort de leurs ouvriers. Dans ce nombre, sont : MM. Owtchinnikoff et Morozoff.

enfants la possibilité de fréquenter les écoles où ils sont obligés de rester trois heures par jour. Enfin une troisième loi défendant aux enfants ouvriers (de 12 à 15 ans) le travail nocturne.

En 1885 parut une loi défendant l'admission des enfants avant l'âge de 15 ans pour les différentes industries considérées comme insalubres. Le nombre de ces industries monte jusqu'à trente-six. Je n'ose pas les énumérer dans la crainte de vous fatiguer et de faire quelques erreurs dans la nomenclature française.

Enfin en 1885 aussi parut une loi défendant les travaux nocturnes aux femmes et aux adolescents (de 15 à 17 ans) dans les filatures de lin et les tissanderies. Cette loi est mise en vigueur dans trois départe-ments seulement : ceux de Moscou, de Saint-Pétesbourg et de Vladimir, qui sont les centres principaux de ces industries.

Afin de veiller à l'application de ces différentes lois, il a été constitué en 1884 un corps inspectoral des fabriques qui se trouve sous les ordres du ministre des finances. Il se compose d'un inspecteur en chef, de neuf inspecteurs auxquels sont attachés à chacun d'eux de un à cinq inspecteurs auxiliaires ou sous-inspecteurs.

Toute la Russie européenne (sauf la Finlande et le Caucase) est divisée en neuf districts industriels comprenant cinquante-huit départe-ments. Dans chaque district réside un inspecteur et un ou plusieurs sous-inspecteurs. Ils sont recrutés en grande partie parmi les ingé-nieurs et pour le reste parmi les médecins.

Les fonctions des inspecteurs consistent non seulement à veiller à l'exécution des lois, mais encore à régulariser les rapports entre les fabricants et les ouvriers, contrôler le salaire et la façon dont il est délivré (1), ainsi que la durée de la journée du travail, veiller à l'instruction des enfants ouvriers, intervenir dans les questions des amendes qui donnent lieu à de grands abus, contraindre les patrons à s'occuper de la salubrité de leurs établissements et de la sécurité des ouvriers, enfin user de tous les moyens en leur pouvoir pour prévenir les grèves.

Pour mettre les inspecteurs à l'abri du besoin et éviter même toute

---

(1) Dans certaines fabriques, on oblige les ouvriers à se fournir de denrées dans des magasins attachés aux fabriques et où les prix sont plus élevés que dans la localité ; en sorte qu'à l'expiration du contrat de travail, les ouvriers, au lieu de toucher de l'argent, sont encore redevables aux patrons pour ce qu'ils ont acheté dans ces magasins. Afin de s'acquitter de cette dette et des amendes qui sont considérables, ils sont quelquefois obligés de revenir travailler pour rien l'année suivante.

tentative de corruption, ils sont rémunérés assez largement, l'inspecteur en chef reçoit 10,000 roubles, les inspecteurs 5000 roubles et les sous-inspecteurs, 3000 roubles par an. C'est suffisant mais pas excessif en proportion du travail et des courses multiples qu'ils ont à faire.

En cas d'infraction aux lois de la part des fabricants, les inspecteurs dressent un procès-verbal et ils l'envoient soit au juge d'instruction, soit au juge de paix, soit enfin au conseil des fabriques du département. A ces mêmes conseils peut être porté plainte par les industriels contre les inspecteurs.

Voici, Messieurs, aussi brièvement que possible, ce que j'ai pu vous exposer sur la question qui nous intéresse. Vous avez pu voir que la situation hygiénique des ouvriers en Russie est bien triste. Mais j'ai grand espoir que cet état est passager, que de meilleurs jours sont réservés au peuple russe. Nos médecins, nos professeurs et nos savants, ces pionniers de la civilisation, frayent la route du progrès sur laquelle s'engage la Russie et où elle avancera à grands pas.

## DISCUSSION

M. Adolphe Smith. — Je me permettrai d'adresser à notre collègue tous nos remerciements et nos félicitations pour sa remarquable et intéressante communication. Ce devoir accompli, je la prierai de vouloir bien me dire si le service d'inspection dont elle vient de parler fonctionne très régulièrement.

Mme le Dr Tkatchef. — Il n'est pas mal organisé et il fonctionne à peu près bien.

M. Adolphe Smith. — La question examinée par Mme Tkatchef ne doit pas rester sans solution. Le tableau si douloureux qu'elle a tracé des conditions de la dégradation humaine dans les campagnes commande l'attention de tous les hygiénistes et de tous les philanthropes. C'est à des congrès tels que celui-ci qu'il convient d'user de toute leur influence pour forcer l'opinion publique et le gouvernement à agir afin de faire cesser au plus vite un tel état de choses. Aussi je me permets de proposer que les membres russes de cette réunion soient chargés de soumettre au Congrès de Londres, en 1891, un rapport sur les résultats des nouvelles lois pour la protection du travail et j'émets un vœu en faveur de l'amélioration des conditions matérielles des classes ouvrières en Russie.

Ces propositions, mises aux voix, sont adoptées par la section.

Imprimerie Edmond Monnoyer.

www.ingramcontent.com/pod-product-compliance
Lightning Source LLC
Chambersburg PA
CBHW061900080726
47597CB00010BA/4325